香港觀鳥會 編著
HONG KONG BIRD WATCHING SOCIETY

香港
觀鳥小圖鑑

水邊
鳥類篇

A mini photographic guide of HK Waterside Birds

鳴謝

香港觀鳥會《香港觀鳥小圖鑑・水邊鳥類篇》製作組

| 攝影： | Aka Ho、Geoff Welch、孔思義、文權溢、王學思、古愛婉、任德政、伍昌齡、伍耀成、朱詠兒、朱錦滿、江敏兒、何志剛、何建業、何國海、何萬邦、余日東、余柏維、吳璉宥、呂德恒、宋亦希、李佩玲、李啟康、李鶴飛、杜偉倫、林文華、洪國偉、夏敖天、馬志榮、張玉良、張浩輝、深　藍、許淑君、郭加祈、郭匯昌、陳士飛、陳志光、陳志明、陳志雄、陳佳瑋、陳建中、陳家強、陳家華、陶偉意、陸一朝、彭俊超、森美與雲妮、馮啟文、馮漢城、黃亞萍、黃卓研、黃倫昌、黃理沛、葉紀江、賈知行、劉健忠、蔡美蓮、鄧玉蓮、鄭兆文、盧嘉孟、蕭敏晶、霍棟豪、謝鑑超、羅錦文、譚業成、關子凱、關朗曦、蘇毅雄 |

| 文稿組織： | 呂德恒 |

| 編輯及校對： | 王學思、余秀玲、呂德恒、林傲麟、洪維銘（統籌）、馬志榮、馮寶基、劉偉民、蔡松柏、羅偉仁 |

香港觀鳥會簡介

香港觀鳥會成立於1957年，以推廣欣賞及保育香港的鳥類及其生境為宗旨。

香港觀鳥會的宗旨是：

1. 進行各項鳥類及其生態的研究和調查；
2. 推廣欣賞及認識雀鳥；
3. 參與鳥類、野生動物和自然生態的保育；
4. 促進市民認識和遵守保護鳥類的法例。

香港觀鳥會於 2013 年正式成為國際鳥盟成員（BirdLife Partner），國際鳥盟是一個世界性的鳥類保育機構聯盟，全球有超過一百個地區成員，是鳥類生態保育研究方面最權威的組織。此外，香港觀鳥會亦派員擔任東方鳥會的地區代表，交流亞洲鳥類訊息。

本會會員來自社會各階層，只要喜歡雀鳥、熱愛戶外活動，並願意保護香港鳥類、動植物和自然生態，就可以成為香港觀鳥會的一份子。會員享有以下各項福利：

▌ 參加由資深會員帶領的野外觀鳥活動；

▌ 參與各項會員活動及講座，與其他志同道合的鳥友分享觀鳥經驗和心得；

▌ 獲贈一年四期的《會員通訊》，內容包括本會消息、文章、環境保育消息和本會活動預告等；

▌ 獲贈記錄香港鳥類資料的《香港鳥類報告》；

▌ 參與環境保育及教育推廣工作；

▌ 以優惠價購買書籍，優先選購精美鳥類紀念品。

香港觀鳥會的主要工作有：

自然保育及鳥類記錄

香港觀鳥會是一個擁有鳥類專業知識的非政府組織，對一些可能影響香港鳥類生態的發展，不論是政府或其他機構倡議的項目，屬下的自然保育委員會都會提出我們的意見。

紀錄委員會則負責審核和出版香港野生鳥類紀錄。此外，香港觀鳥會會員亦積極參與國際性會議，與海外機構交流訊息。以下是一些相關活動的例子：

- 對本港各項與鳥類保育有關的事項提出意見；
- 向政府提供改善生態環境與保護鳥類措施的專業意見，如保護黑臉琵鷺、鷺鳥繁殖及燕鷗繁殖等等；
- 參與國際鳥盟編訂的《亞洲鳥類紅皮書》及《亞洲重點鳥區》資料搜集工作；
- 1973年爭取成立米埔自然保護區，此後本會一直持續致力於保護區的保育工作。

研究調查

要推動自然保育，需要充分掌握鳥類和有關生態環境的資料。香港觀鳥會一直進行多項研究，包括：

- 長期搜集、審核和保存香港的鳥類紀錄
- 米埔內后海灣國際重要濕地水禽普查
- 越冬黑臉琵鷺的年齡分布研究
- 黑臉琵鷺全球同步普查
- 燕鷗繁殖普查
- 冬季鳥類普查
- 繁殖鳥類普查
- 編寫《香港鳥類報告》及更新《香港鳥類名錄》

教育推廣

香港觀鳥會經常舉辦不同類型活動和出版刊物，引領市民欣賞鳥類和自然環境，鼓勵市民一起保護我們的自然生態，例如：

- 舉辦野外觀鳥活動
- 協助會員組織內地或海外觀鳥活動
- 定期舉辦鳥類講座和圖片欣賞會
- 舉辦觀鳥及自然保育有關的活動、講座及訓練
- 推動學校、機構及社區觀鳥計劃

我們需要你的支持，一起保護香港的野生生物和自然環境。

電　話：（852）2377 4387　　　傳　真：（852）2314 3687
網　頁：www.hkbws.org.hk　　電　郵：hkbws@hkbws.org.hk
地　址：香港九龍青山道532號偉基大廈7樓C室
Facebook：香港觀鳥會

序

今時今日，假如有人說工餘時間會去觀鳥，相信已不會有人問甚麼是觀鳥，反而會問：「幾時帶埋我去觀鳥？」

這不單是世界潮流，也是時代轉變。更多香港人喜歡大自然，享受大自然，愛護大自然。更多人在大自然找到自己的另一面，世界的另一面。因此，有人以大自然的樂趣平衡日常工作的疏離感；有人被大自然廓闊了視野，最終尋回自己；有人全身投入大自然，以保育大自然為志業。

鳥類的魅力無疑是開啟大自然的萬能匙，任何人都可以輕易從鳥類出發，享受大自然的無限旅程，發現迥然不同的精采。香港觀鳥會以過去60年的經驗向你「保證」，鳥類會帶你感受地球上最精采的大自然世界，否則原銀奉還！

香港觀鳥

目錄 Contents

如何使用這本書

① 小鸊鷉
① **Little Grebe** *(Tachybaptus ruficollis)* **②**

③

◀ @101.mp3 **⑨**

鸊鷉科　PODICIPEDIDAE **④**

1

⑤ 　小型鸊鷉。外貌像鴨，嘴尖細。雌雄同色，頭頂明顯深色，眼和嘴角淺色。非繁殖期大致淡褐色，繁殖期面頰和頸則轉棗紅色。幼鳥頭頸長滿黑色條紋，成長時條紋逐漸變淡。喜愛單隻或小群游泳，叫聲像急促的馬嘶叫聲，不時潛入水中覓食。

⑥

| 1 | 2 | 3 | 4 | 5 | 6 | 7 | 8 | 9 | 10 | 11 | 12 |

⑩

⑦
- 　-
- 游禽
- 25cm
- 雌雄同色
-
- R
- 常見

2

3

⑧
[1] 成鳥（2009/1・深藍）
[2] 繁殖羽（夏羽天）
[3] 幼鳥（2007/4・林文華）

鸊鷉目　Podicipeiformes

27

9

① ┃中、英文名稱

② ┃學名

③ ┃讀音及鳥鳴

④ ┃本地拍攝的彩色照片

⑤ ┃描述鳥種外形特徵和特別行為

⑥ ┃常見月份

| 1 | 2 | 3 | 4 | 5 | 6 | 7 | 8 | 9 | 10 | 11 | 12 |

⑧ ┃圖片說明

🐦 中文別名

🐦 習性分類

📏 體長

⑨ 雌雄色

🐦 生態環境

⑦ ┃ 🏠 本地居留狀況
　R留鳥
　W冬候鳥
　S夏候鳥
　M過境遷徒鳥
　SpM 春季過境遷徒鳥
　AM秋冬過境遷徒鳥

👁 本地常見程度

⑨ ┃本書採用 QR Code 發聲系統,只要使用手機上的 QR Code 程式掃瞄書上出現的 QR Code,就可聆聽雀鳥的粵語讀音、英語讀音、普通話讀音及鳥鳴錄音,而 QR Code 旁出現 "🎵",則代表該段錄音具有鳥鳴部分。

⑩ ┃地圖

指出該鳥較常出現的地區、或曾經出現的地區,而並非是該鳥在全球的分布圖。

注:全粉藍色的地圖指在全球廣泛地區出現

生態環境說明的術語解釋:

🏞	濕地(淡水—魚塘、濕農地)
🏞	濕地(鹹淡水—蘆葦、紅樹林、基圍、泥灘)
🏞	溪流
🏖	海洋、沿岸和海島
🌳	開闊原野(灌木叢、草地、仍有耕作或棄耕的農地)
🌲	林地
⛰	高地
🏙	市區

圖片說明的術語解釋:

幼鳥	離巢後至第一次換羽之間的鳥。
成鳥	鳥類的羽毛變化到了最後一個階段,即以後的羽色及模式不會再有變化。
未成年鳥	除了成鳥之外的所有階段。
繁殖羽	鳥類在繁殖季節呈現異常鮮艷的顏色。
非繁殖羽雄鳥	部分雄性鳥類在繁殖期過後身上出現類似雌鳥的毛色,主要見於鴨類和太陽鳥。

水邊鳥類的生境

濕地

香港的濕地大致可分為淡水和鹹淡水濕地兩種。

鹹淡水濕地在河水流入海時形成，河口的淡水混入海水，鹽分逐漸增加。同時，在河口的流速減弱，沉積物易於聚集，形成可供紅樹、蘆葦生長的底層。最著名的鹹淡水濕地位於米埔后海灣一帶，其中約15平方公里於1995年9月根據「拉姆薩爾公約」被列為國際重要濕地，冬季或春、秋時分可找到數以萬計的水鳥、涉禽和猛禽。

※ 呂德恒 Henry Lui

淡水濕地包括魚塘和農耕土地。新界西北目前還有不少魚塘，可找到多種濕地鳥種。冬季時，漁民會將魚塘的水抽去，在塘中餘下的小水窪便會引來上百隻鷺鳥，捕食水中沒有商業價值的魚。此外，魚塘濕潤的底層亦吸引不少水鳥到來覓食。

農耕土地亦是其中一種淡水濕地，主要集中在洪氾平原，靠農民從地下或河道引水灌溉。位於新界上水的塱原濕地是本港僅存最大的一片農耕濕地，以種植通菜和西洋菜為主，被視為一個仍然保留傳統文化的地點。淡水濕地為多種鳥類提供棲息地，常見的有鷚、秧雞、鵐鷛、家燕、棕扇尾鶯、彩鷸、伯勞、卷尾、椋鳥等。

※ 呂德恒 Henry Lui

溪流

香港沒有天然的大河流，城門河、錦田河等的下游河道已因市區發展由溪流變成排水明渠。香港的天然溪流生境多位於郊野公園，較為人熟悉的有大埔滘、城門、梧桐寨、南涌河、大蠔河等。沿溪而下，有樹林、濕地等不同生境。溪流內及其兩旁是昆蟲生長的理想環境，因而吸引了愛在水邊捕食的雀鳥，例如鷺鳥、鶺鴒、翠鳥、鶲等鳥種。

※ 呂德恒 Henry Lui

海洋、沿岸和海島

香港有各種不同類型的海岸生境，例如石灘、沙灘、泥灘、岩壁和小島。這些地方除了可找到一些水鳥和岩鷺外，沿岸較偏僻的林地還有白腹海鵰繁殖。香港東面海域一些無人小島是燕鷗每年夏季繁殖的地點。在過境遷徙季節以至颱風期間，更不時會有少見的海鳥如鰹鳥、鸌、賊鷗等離岸生活的海鳥被吹到近岸的地方。

※ 呂德恒 Henry Lui

※ 王學思 Wong Hok Sze

觀鳥地點

觀鳥地點	交通	預計觀鳥時間
濕地		
尖鼻咀	在元朗泰豐街乘35號專線小巴於尖鼻咀下車。	4小時
南生圍	元朗乘76K往上水的巴士在南生圍路口下車。	2小時
米埔自然護理區	在元朗或上水乘76K巴士或17號小巴(上水新發街或元朗水車館街),在米埔村下車,沿担捍洲路步行20分鐘便可到達(需持有由漁農自然護理署發出的「進入米埔沼澤區許可證」才可進入保護區)。	5小時
米埔新村/担桿洲	米埔附近的魚塘,交通同上。在米埔村下車,然後沿担捍洲路步行,沿途觀鳥。	2小時
塱原	上水乘76K巴士;或於上水港鐵站鄰近的小巴站乘搭綠色專線小巴50K、51K或55K;在燕崗村下車(進入青山公路後第一條行人天橋),沿右面小路進入。	2-3小時
鹿頸、南涌	粉嶺港鐵站乘56K往鹿頸的專線小巴,總站下車。夏季時,沿鹿頸路途中可眺望鴉洲鷺林。	2小時
荔枝窩	大埔墟港鐵站乘綠色專線小巴往烏蛟騰,然後步行經上苗田、下苗田、三椏涌往荔枝窩村。	8小時

觀鳥裝備

光學儀器

一般來説，觀鳥主要的「工具」是我們的眼睛，但假如距離太遠，便需要借助光學儀器把雀鳥放大，以便清楚觀察。

1. 雙筒望遠鏡 —— 用來觀察飛行中或近距離的雀鳥

一般品牌都會在鏡上刻上一組數字，例如「10 × 40 7.3°」，「10 × 40」表示望遠鏡的放大倍數是10倍，物鏡直徑為40毫米；而「7.3°」則表示視場（鏡中可見的視野範圍）為7.3度。

選擇適當的雙筒望遠鏡需要考慮下列因素：

倍　　數 —— 觀鳥用的望遠鏡以7至10倍為佳。倍數太小難以看清楚細節，太大則無法穩定，影像亦較暗。物鏡直徑宜於35至50毫米之間，雖然物鏡越大集光能力越強，但太大則過於笨重，不利長時間使用。

相對亮度 —— 相對亮度依（直徑 ÷ 倍數）^{2}公式計算，如10 × 40望遠鏡的相對亮度為16。相對亮度以9至25之間較理想。

鍍　　膜 —— 應選擇有透明鍍膜的望遠鏡。

視場角度 —— 適宜在5.5度以上。

鏡身重量 —— 觀鳥時望遠鏡掛於頸上，900克以下較為合適。

對　　焦 —— 應選擇手動調焦的望遠鏡，並且以中置對焦為佳。坊間有自動對焦或不用對焦的望遠鏡，不便用來觀察近處的雀鳥。最近對焦距離愈短愈好。

稜　　鏡 —— 傳統折角式稜鏡組合比較簡單，但是體積和重量都比較大。
直筒式稜鏡構造緊密，稜鏡和鏡片不易移位，重量也較輕巧。歐洲名牌大都有內置調光功能，抗潮防塵能力較好，部分更經過充氮防水處理。

※ 呂德恒 Henry Lui

2. 單筒望遠鏡 —— 用來觀察距離遠並且比較不活躍的雀鳥

單筒望遠鏡倍數較高，主要用來觀賞水鳥，因為距離通常較遠。物鏡直徑以60至80毫米為佳。如選用有變焦功能的目鏡，20至60倍變焦較為合適。

3. 三腳架

單筒望遠鏡必須架於三腳架上，三腳架需穩固，負重能力要高，以免在強風中抖動。可選擇有快速收放腳管的設計。

圖鑑

圖鑑幫助我們辨認雀鳥，以及提供鳥類的棲息地點、分布範圍和行為習性等相關資料。圖鑑分兩種，即攝影圖鑑和手繪圖鑑。

選擇鳥類圖鑑時，應考慮使用環境，如要拿到野外使用，可放在口袋的圖鑑會方便些，可能的話可以選購平裝版本，既實惠又輕便。

※ 呂德恒 Henry Lui

筆記簿、筆

* 筆記簿宜有硬皮、印有行線、袋裝大小、釘裝結實，另外可加一條橡皮圈作書簽。應使用原子筆，避免用水筆，以免雨水令字跡變得模糊。

※ 呂德恒 Henry Lui

* 遇到未能辨認的鳥類，應立即做筆記，記下形態和特徵，然後向資深鳥友請教，或者在香港觀鳥會網上討論區 (www.hkbws.org.hk) 留言討論，交流經驗。

* 做筆記可以大大提升在野外辨識鳥類的能力。筆記內容愈詳細愈好，包括日期、地點、天氣、鳥類特徵、形態、行為習性、叫聲、種群數量、海拔高度等。

※ 呂德恒 Henry Lui

出發時的準備

避免穿著顏色太鮮艷的服飾，宜選擇綠、啡、藍等配合自然環境的顏色。

不同野鳥有不同的觀察時間，因此應在出發前了解目的地和路線，以便安排行程。觀察林鳥應在清晨時分，觀察海岸附近的濕地水鳥則要注意潮汐時間，宜於大潮前或後到泥灘附近守候。米埔泥灘的理想潮水高度約 2.1 米左右，尖鼻咀約為 1.4 米。觀賞猛禽可選擇中午時分到開闊原野，猛禽會利用從地面上升的熱空氣在空中盤旋。觀察農地或城市鳥類，宜於清晨或黃昏時分，因為雀鳥在中午時不太活躍。海鳥可於夏季時到離岸小島附近海面遠距離觀察，千萬不要登島干擾雀鳥。

鳥種方面，出發前應搜集資料，了解當地的生態環境，配合當時的季節，在圖鑑上查閱可能會遇見的鳥種、辨識要點、常見程度等。準備愈充分，收獲愈豐富。

野外觀鳥小貼士：

發現鳥蹤時，立即保持靜止，原地舉起望遠鏡觀察，動作不要過大。如距離太遠，可輕步走近目標觀察，但切記點到即止，不要干擾雀鳥。

使用雙筒望遠鏡的正確方法，是先用眼睛尋找鳥的位置並盯緊，然後舉起望遠鏡瞄準和對焦。舉鏡前要同時留意鳥的位置及周圍的物件，如樹枝等，以便在鏡中定位。舉鏡後可能要作窄幅度上下掃瞄找尋目標，多加練習便可以很快上手。

提交觀鳥紀錄

香港觀鳥會的紀錄委員會自一九五七年起收集香港的鳥類記錄，覆核鳥類狀況、反映環境變化等資料，這些資料對鳥類的保護工作及自然保育有莫大幫助。

香港觀鳥會鼓勵任何人士，每次觀鳥後，都整理觀鳥記錄及轉交香港觀鳥會，記錄的鳥種不一定是罕見雀鳥，事實上香港觀鳥會正需要很多普通鳥類的記錄，以便掌握本地鳥種數量、遷徙分布和趨勢，以及展開相關的調查工作。

讀者可以在香港觀鳥會網頁(www.hkbws.org.hk)下載記錄表格，這個檔案亦包括最新的香港鳥類名錄，另外亦同時上載罕有雀鳥紀錄表格，用作遞交罕見記錄。表格可以電郵(hkbws@hkbws.org.hk)呈交。

※ 呂德恒 Henry Lui

觀鳥及鳥類攝影守則

為了減少觀鳥活動或鳥類攝影對雀鳥的干擾，香港觀鳥會制訂了一套守則供市民參考，希望可以作為上述活動一套良好行為的模範。

1. 以鳥為先

無論是進行觀鳥活動或鳥類攝影，應盡量不影響鳥類的正常活動為原則，以免造成干擾。

a. 如果發現雀鳥顯得不安，有規避或其他異常反應，便要馬上停止；
b. 如果觀看或拍攝的人太多，更應特別注意；
c. 不要嘗試影響雀鳥的行為，例如驚嚇、驅趕或使用誘餌；
d. 少用閃光燈；
e. 不要破壞自然環境。

2. 保護敏感地點

雀鳥的營巢地點、海鳥繁殖的小島、稀有鳥種停棲的地點等都特別容易受到干擾，要加倍留意。

a. 保持適當距離，避免令雀鳥受到脅逼；
b. 不要登上有海鳥繁殖的小島；
c. 不要干擾鳥巢或周圍的植被，以免親鳥棄巢或招來天敵襲擊；
d. 不要隨便公開或透露敏感地點的位置，向不認識守則的人清楚解釋，以免帶來干擾；
e. 留意自己的行為，以防招惹好奇的人干擾。

3. 舉報干擾

如果發現有人干擾或傷害雀鳥，在安全情況下宜向他們解釋和勸止。如果未能阻止，請拍照記錄，並盡快向漁農自然護理署舉報。

4. 尊重他人

a. 避免干擾其他在場觀鳥和拍攝的人，讓大家都可以享受其中的樂趣；
b. 小心不要破壞當地的設施或農作物。

鳥類身體辨識

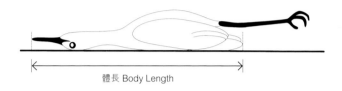

體長 Body Length

注：鳥的體長是指鳥在完全伸展的狀態下，嘴尖至尾羽末端的長度。

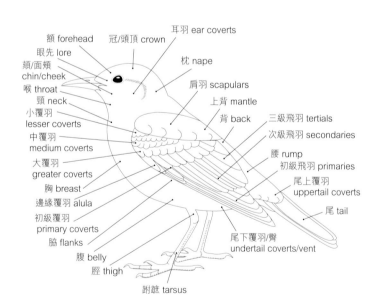

額 forehead
冠/頭頂 crown
耳羽 ear coverts
眼先 lore
枕 nape
頰/面頰 chin/cheek
喉 throat
肩羽 scapulars
頸 neck
上背 mantle
小覆羽 lesser coverts
背 back
三級飛羽 tertials
中覆羽 medium coverts
次級飛羽 secondaries
大覆羽 greater coverts
腰 rump
初級飛羽 primaries
胸 breast
尾上覆羽 uppertail coverts
邊緣覆羽 alula
初級覆羽 primary coverts
尾 tail
脇 flanks
腹 belly
尾下覆羽/臀 undertail coverts/vent
脛 thigh
跗蹠 tarsus

22

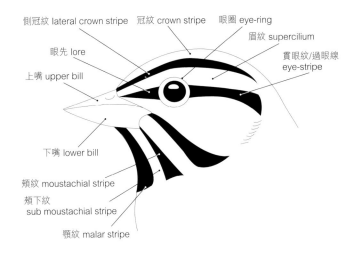

側冠紋 lateral crown stripe　冠紋 crown stripe　眼圈 eye-ring

眉紋 supercilium

眼先 lore

貫眼紋/過眼線 eye-stripe

上嘴 upper bill

下嘴 lower bill

頰紋 moustachial stripe

頰下紋 sub moustachial stripe

頸紋 malar stripe

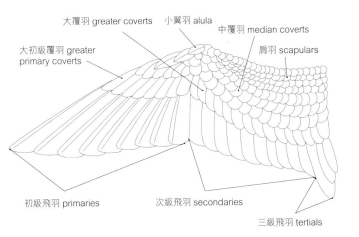

大覆羽 greater coverts　小翼羽 alula

中覆羽 median coverts

大初級覆羽 greater primary coverts

肩羽 scapulars

初級飛羽 primaries

次級飛羽 secondaries

三級飛羽 tertials

世界分布

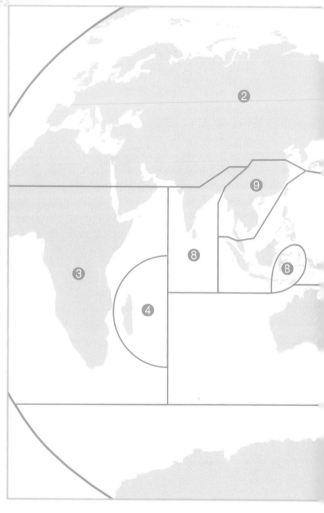

- ❶ 北美地區
- ❷ 歐亞大陸及非洲北部
- ❸ 非洲中南部地區
- ❹ 印度洋
- ❺ 中美洲
- ❻ 南美洲

⑦ 加拉帕戈斯群島
⑧ 印度次大陸及中國的西南地區
⑨ 中南半島和中國的東南沿海地區

Ⓐ 太平洋諸島嶼
Ⓑ 華萊士區
Ⓒ 澳大利亞和新西蘭
Ⓓ 南極地區

鸊鷉目
Podicipediformes

小鸊鷉

Little Grebe *(Tachybaptus ruficollis)*

小型鸊鷉。外貌像鴨，嘴尖細。雌雄同色，頭頂明顯深色，眼和嘴角淺色。非繁殖期大致淡褐色，繁殖期面頰和頸則轉棗紅色。幼鳥頭頸長滿黑色條紋，成長時條紋逐漸變淡。喜愛單隻或小群游泳，叫聲像急促的馬嘶叫聲，不時潛入水中覓食。

1	2	3	4	5	6	7	8	9	10	11	12

名 -

游禽

25cm

雌雄同色

R

常見

1 成鳥（2009/1・深藍）
2 繁殖羽（夏敖天）
3 幼鳥（2007/4・林文華）

鳳頭鷿鷉
Great Crested Grebe *(Podiceps cristatus)*

1

大型鷿鷉。外貌像鴨。頸細長，常垂直水面。嘴帶粉紅色，背部深褐色，頸和面頰鮮明白色，頭頂黑色。繁殖期頭頂長有飾羽，頸和脇部羽毛帶紅褐色。喜歡數隻一起在海中游泳，不時潛入水中覓食。

| 1 | 2 | 3 | 4 | | | | | | | | 11 | 12 |

🏷 -

🦆 游禽

📏 49cm

🔵 雌雄同色

🌱

🏠 W

🔵 常見

2

[1] 繁殖羽（2008/3・何志剛）
[2] 繁殖羽（2005/4・呂德恒）

鵜形目
Pelecaniformes

🔊 201.mp3

卷羽鵜鶘

Dalmatian Pelican *(Pelecanus crispus)*

鵜鶘科 PELECANIDAE

巨型水鳥，嘴橙黃色，有很大的囊袋。除初級飛羽末端黑色外，全身大致灰白色，囊袋淡橙色。幼鳥嘴、囊袋、頭和上體均沾有灰色。愛群居，2006 年之前每年冬天均有一小群在后海灣一帶出現。

1 2 3 4 5 6 7 8 9 10 11 12

🗺

🐦 -

🦆 游禽

📏 170cm

⚥ 雌雄同色

🌊

❄ W

👁 不常見

1 成鳥（1994/2・盧嘉孟）
2 繁殖羽（蘇毅雄）
3 幼鳥（伍耀成）

鵜形目 Pelecaniformes

30

普通鸕鷀
Great Cormorant *(Phalacrocorax carbo)*

◀)) 202.mp3

1

大型水鳥。全身黑色，肩和翼帶有銅輝，嘴長，嘴端呈鉤狀，面部裸露皮膚黃色。幼鳥身體羽毛暗褐色，腹部白色。愛群居，飛行時頸部伸長，常集體列隊飛行，覓食時潛入漁塘或海中捕魚，休息時棲於樹上或岩石上。叫聲像鵝。

| 1 | 2 | 3 | 4 | | | | | | 10 | 11 | 12 |

🔊 普通鸕鷀

🐦 游禽

📏 86cm

🎯 雌雄同色

🌙 W

🕊 常見

2

[1] 成鳥（2004/12・孔思義・黃亞萍）
[2] 繁殖羽（2007/2・森美與雲妮）

鸛形目
Ciconiiformes

蒼鷺
Grey Heron *(Ardea cinerea)*

🔊301.mp3

大型水鳥。體羽主要是黑、灰、白三色配搭，成鳥羽色對比鮮明，幼鳥則主要是淡灰色。叫聲為「閣―閣」聲。覓食時愛長期呆立水中，當獵物游近時快速啄食。

 1 2 3 4 ―● | → | 10 11 12

🐣 -

🦩 涉禽

📏 98cm

🎨 雌雄同色

🌙 W

❗ 常見

[1] 成鳥（2008/10・黃卓研）
[2] 繁殖羽（2008/2・吳璉有）
[3] 幼鳥（2008/3・馮漢城）

🔊 302.mp3

草鷺
Purple Heron *(Ardea purpurea)*

大型水鳥。外貌和較常見的蒼鷺很相似，但羽毛較深色，主要是紅褐色和灰黑色的配搭。愛單隻躲在沼澤樹叢中。

1	2	3	4	5	6	7	8	9	10	11	12

🏷 紫鷺

🐦 涉禽

📏 90cm

⚥ 雌雄同色

🌍 M

◈ 不常見

1 成鳥（2006/10・陳志明）
2 幼鳥（2006/10・朱錦滿）
3 幼鳥（2005/11・呂德恒）

大白鷺

Great Egret *(Ardea alba)*

鷺科 ARDEIDAE

大型鷺鳥。全身白色，頸部屈曲的幅度大得像「折斷了」般，腳全黑，嘴黃色。繁殖期嘴會變成黑色，背上長有薄紗般的白色飾羽。叫聲為「閣閣」聲。

| 1 | 2 | 3 | 4 | 5 | 6 | 7 | 8 | 9 | 10 | 11 | 12 |

🏷 -

🐦 涉禽

📏 90cm

⚥ 雌雄同色

🌊 ⛲ 〰️

🔄 R,W

👁 常見

1 成鳥（2005/11・郭匯昌）
2 繁殖羽（2007/2・張浩輝）

鸛形目 Ciconiformes

■)) 304.mp3

鷺科 ARDEIDAE

中白鷺
Intermediate Egret *(Ardea intermedia)*

1

中型鷺鳥。全身白色，腳全黑，嘴黃色，嘴尖常沾黑色。外貌和較常見的大白鷺很相似，但嘴較短，頸較粗且屈曲幅度較小，嘴角不像大白鷺般延伸到眼後，頸較粗且屈曲幅度較小。

| 1 | 2 | 3 | 4 | 5 | 6 | 7 | 8 | 9 | 10 | 11 | 12 |

🔊 -

🐦 涉禽

📏 70cm

🎨 雌雄同色

🌍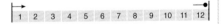

AM,W

不常見

2

3

1 成鳥（2005/12・朱詠兒）
2 成鳥（2005/10・呂德恒）
3 繁殖羽（2007/3・林文華）

鵜形目 Ciconiiformes

小白鷺

Little Egret *(Egretta garzetta)*

305.mp3

鷺科 ARDEIDAE

中至小型鷺鳥，是香港最常見的水鳥。全身白色，外貌很像大白鷺，但體型較小，嘴全黑，腳黑，腳趾黃色。繁殖期頭上長出兩條細長的冠羽，面頰上黃綠色的裸露皮膚變得鮮明，甚至帶有紅色。叫聲為沙啞的「呀─呀─」聲。有羽毛偏灰的深色型，但較為罕見。

| 1 | 2 | 3 | 4 | 5 | 6 | 7 | 8 | 9 | 10 | 11 | 12 |

- **名** -
- **鳥** 涉禽
- **cm** 61cm
- **♀♂** 雌雄同色
-
- **R**
- **常見**

[1] 成鳥（2006/12・關朗曦・關子凱）
[2] 成鳥（2007/4・林文華）
[3] 繁殖羽（2008/1・彭俊超）

鸛形目 Ciconiiformes

黃嘴白鷺

Swinhoe's Egret *(Egretta eulophotes)*

🔊 306.mp3

中型鷺鳥。全身白色，腳黑而腳趾黃色，外貌和常見的小白鷺相似，但嘴黃或橙黃色。繁殖期面頰上裸露皮膚變成鮮藍色，後枕有一束較長的飾羽。常單隻出現，覓食時十分活躍。

| | 3 | 4 | 5 | 6 | |

名 -

涉禽

68cm

雌雄同色

SpM

不常見

1 繁殖羽（2006/5・深藍）
2 繁殖羽（2008/4・郭匯昌）
3 成鳥（何萬邦）

岩鷺
Pacific Reef Egret *(Egretta sacra)*

◀)) 307.mp3

鷺科 ARDEIDAE

中至小型鷺鳥。全身深灰色，腳灰黃色，
嘴灰黃色。繁殖期嘴變成黃或橙黃色，
後枕有小撮飾羽。常單隻或小群在岩石海岸
出現，覓食時愛呆立水邊，當獵物游近時迅
速啄食。

1	2	3	4	5	6	7	8	9	10	11	12

🏷 名 -

🐦 涉禽

📏 58cm

⚥ 雌雄同色

🅡 R

❖ 不常見

3

1 成鳥（2007/12・鄭兆文）
2 繁殖羽（2008/5・陳家強）
3 幼鳥（2007/8・森美與雲妮）

鸛形目 Ciconiformes

39

♪》308.mp3

牛背鷺
Eastern Cattle Egret *(Bubulcus coromandus)*

鷺科 ARDEIDAE

小 型鷺鳥。全身白色，腳全黑，嘴黃色。嘴和頸較短，頭較渾圓。繁殖時頭、頸和背變成鮮明的橙色，有時腳、嘴和臉部的裸露皮膚發紅。愛群居，時常與牛為伴。

| 1 | 2 | 3 | 4 | 5 | 6 | 7 | 8 | 9 | 10 | 11 | 12 |

🐦 -

🦆 涉禽

📏 51cm

🐤 雌雄同色

🌿 🏞️ 🌳

S,M

👁️ 常見

1 成鳥（2008/5・黃卓研）
2 繁殖羽（2008/3・Aka Ho）
3 繁殖羽（2004/4・呂德恒）

鸛形目 Ciconiiformes

40

池鷺

Chinese Pond Heron *(Ardeola bacchus)*

◀)) 309.mp3

小型鷺鳥,嘴長、腳長,腳黃色,靜立時除腹部白色外全身褐色。頭、頸、胸有縱紋,飛行時雙翼白色,十分明顯。繁殖期頭、頸變成深酒紅色,背灰藍色,腹部白色,對比鮮明。叫聲為「閣─閣」聲。

```
1  2  3  4  5  6  7  8  9  10  11  12
```

- 🐦 名 -
- 🐦 涉禽
- 📏 46cm
- 🐦 雌雄同色
- 🐦 🌊 🌿 🌊
- 🐦 R
- 🐦 常見

1 成鳥(2008/11・馬志榮・蔡美藩)
2 成鳥(2005/12・夏敬天)
3 繁殖羽(2006/4・黃卓研)

41

◪)) 310.mp3

綠鷺
Striated Heron *(Butorides striatus)*

[1]

小型鷺鳥,全身灰色,和常見的夜鷺相似但較小,有淺灰色蓑羽。幼鳥上體灰褐色,下體有褐色細紋。愛在樹上築巢。常單隻出現,出沒在沼澤樹叢,冬天時間中出現在林區溪澗。

| 1 | 2 | 3 | 4 | 5 | 6 | 7 | 8 | 9 | 10 | 11 | 12 |

🈁 -

🐦 涉禽

📏 46cm

🔵 雌雄同色

🌀 S

👁 不常見

[2]

[3]

[1] 成鳥（2009/1·江敏兒·黃理沛）
[2] 幼鳥（2003/8·江敏兒·黃理沛）
[3] （2008/3·謝鑑超）

夜鷺

Black-crowned Night Heron *(Nycticorax nycticorax)* ◀)) 311.mp3

1

鷺科 ARDEIDAE

中型鷺鳥,腳黃色,成鳥頭頂和背部深綠色,翼和腹部灰白二色,對比鮮明,繁殖時後枕有兩至三條白色細長飾羽。幼鳥和池鷺很相似,但褐色羽毛上有淺色斑點,飛行時雙翼褐色。

| 1 | 2 | 3 | 4 | 5 | 6 | 7 | 8 | 9 | 10 | 11 | 12 |

🏷 名 -

🐦 涉禽

📏 61cm

🎨 雌雄同色

🌊 🏞

R R

👁 常見

3

2

1 成鳥(2007/9・文權溢)
2 成鳥(2007/7・森美與雲妮)
3 幼鳥(2006/12・呂德恒)

鸛形目 Ciconiiformes

43

🔊 312.mp3

黃葦鷉
Yellow Bittern *(Ixobrychus sinensis)*

小型鷺鳥,嘴和腳黃色,成鳥頭頂和飛羽黑色,背褐色,翼上覆羽和腹部淺褐色,飛行時和黑色飛羽成對比。幼鳥和池鷺相似,但褐色羽毛上有深色粗縱紋。常單隻出現或小群遷徙。

| 1 | 2 | 3 | 4 | 5 | 6 | 7 | 8 | 9 | 10 | 11 | 12 |

🆔 黃斑葦鷉

🐦 涉禽

📏 38cm

⚥ 雌雄同色

🏠 M,S

⭐ 不常見

1 雄鳥(2007/5陳志雄)
2 雄鳥(2008/5陳佳瑋)
3 雄鳥(2007/8何建業)

大麻鳽
Eurasian Bittern *(Botaurus stellaris)*

(») 313.mp3

鷺科 ARDEIDAE

1

大型鷺鳥，頭頂黑色，身體大致金褐色，身上有細長而濃密的深色斑點，背部有黑斑，飛行時飛羽深色。警戒時站立不動，頭、頸、嘴伸直朝天。常單隻出現，通常只在米埔的蘆葦叢間出沒。

| 1 | 2 | 3 | | | | | | | | 11 | 12 |

🐦 -

🐦 涉禽

📏 76cm

🐦 雌雄同色

🌊

🕐 W

🐦 稀少

2

3

1 成鳥（2009/1・何建業）
2 成鳥（2002/1・霍棟豪）
3 成鳥（2009/1・何建業）

鸛形目 Ciconiformes

45

鸛科

THRESKIORNITHIDAE

🔊 314.mp3

白琵鷺
Eurasian Spoonbill *(Platalea leucorodia)*

大型水鳥，全身白色。嘴長黑色，像琵琶或茶匙。未成年鳥嘴粉紅色。冬天在后海灣一帶出現，經常有一、兩隻混在相對較矮的黑臉琵鷺群中。

| 1 | 2 | 3 | 4 | | | | | | 10 | 11 | 12 |

🏷 -

🦜 涉禽

📏 84cm

🎨 雌雄同色

🏠 W

🔄 稀少

鸛形目 Ciconiformes

① 未成年鳥（2008/11・何國海）
② 未成年鳥（2008/12・鄧玉蓮）

46

黑臉琵鷺
Black-faced Spoonbill *(Platalea minor)*

🔊 315.mp3

大型水鳥，全身白色。嘴長黑色，像琵琶或茶匙。面部有黑色裸露皮膚，體型較白琵鷺小。飛行時頸和腳伸直。繁殖期蓬鬆的冠羽和胸部羽毛沾橙黃色。未成年鳥初級飛羽末端沾黑色，上嘴平滑帶粉紅色，年長鳥上嘴黑及有橫紋。常成群站在淺水中，覓食時將嘴伸入水中左右擺動，休息時常將嘴藏入翅膀中。

| 1 | 2 | 3 | 4 | | | | | | 10 | 11 | 12 |

🦤 -

👣 涉禽

📏 76cm

♂♀ 雌雄同色

🌊 〓〓 〓〓

🌙 W

👁 常見

1 成鳥（2006/10・林文華）
2 繁殖羽（2004/3・盧嘉孟）
3 未成年鳥（2005/12・夏敦天）

雁形目
Anseriformes

赤頸鴨

Eurasian Wigeon *(Mareca penelope)*

🔊 401.mp3

中型鴨，嘴灰色。雄鳥頭褐色，額奶黃色，胸淡紅褐色，靜止時脇部有白色細橫紋，翼上有明顯白斑。雌鳥全身大致深褐色。叫聲為嘹亮的「彪－彪－」聲，時常集體在池塘中游泳。

🐣 -

🕊 游禽

📏 48cm

🔵 雌雄異色

🌊 常見

🅦 W

① 雄鳥（2009/1．深藍）
② 雄鳥（2005/1．呂德恒）

羅紋鴨
Falcated Duck *(Mareca falcata)*

🔊 402.mp3

體型大的鴨類，雄鳥整體銀灰色有耀眼的棕和發光的綠色冠羽伸展到頸部，長而彎的黑白三級飛羽垂掛尾旁，喉白色。雌鳥全身佈滿褐色和深色鱗狀，嘴部深色。

| 1 | 2 | 3 | 4 | | | | | | 10 | 11 | 12 |

🐦 -
🦆 游禽
📏 50cm
⚥ 雌雄異色
🌾 W
❗ 稀少

① 雄鳥（深藍）
② 雄鳥（2006/4·江敏兒·黃理沛）

50

綠翅鴨

Eurasian Teal *(Anas crecca)*

◀)) 403.mp3

香 港最細小的鴨。嘴黑色,頸短,有綠色翼鏡。雄鳥頭部深褐色和深綠色,有細長黃線分隔,軀體灰色,臀部奶黃色帶有黑邊。雌鳥全身大致褐色。

| 1 | 2 | 3 | 4 | | | | | | 10 | 11 | 12 |

🐦 -

🐦 游禽

📏 35cm

⚥ 雌雄異色

🌊 W

👁 常見

3

2

1 雄鳥 (2005/2・黃卓研)
2 雄鳥 (2005/12・孔思義・黃亞萍)
3 雌鳥 (2007/2・葉紀江)

印緬斑嘴鴨
Indian Spot-billed Duck *(Anas poecilorhyncha)*

大型淺褐色淡水鴨,雌雄羽色大致相同。嘴黑色而末端黃色,與中華斑嘴鴨最明顯的分別是嘴後有明顯紅色的眼先和深綠色翼鏡,靜止時可見。身軀、背、頭頂和枕部顏色較深。

| 1 | 2 | 3 | 4 | 5 | 6 | 7 | 8 | 9 | 10 | 11 | 12 |

- 游禽
- 60cm
- 雌雄同色
- R
- 不常見

[1] 成鳥(2003/7・江敏兒、黃理沛)
[2] 成鳥(2003/7・江敏兒、黃理沛)
[3] 幼鳥(2006/5・何建業)

中華斑嘴鴨

Chinese Spot-billed Duck *(Anas zonorhyncha)* ◀ᵈ 405.mp3

大型深褐色淡水鴨，雌雄羽色大致相同。嘴黑色而末端黃色，有明顯深色眼線和面頰橫紋、背、頭頂和枕部顏色較深，靜止時可見紫色翼鏡。常見於米埔，並在該處繁殖。

| 1 | 2 | 3 | | | 11 | 12 |

🐣 -

🦆 游禽

📏 60cm

♀♂ 雌雄同色

🌊 ≋

🌍 W,R

👁 常見

1 雄鳥（2004/7・呂德恒）
2 雌鳥（2006/12・黃卓研）

53

🔊 406.mp3

針尾鴨
Northern Pintail *(Anas acuta)*

中 至大型鴨。嘴灰色，頸細長，尾羽尖長。雄鳥頭頸深褐色，胸部白色向上延伸至頸兩側成細線，軀體大致灰色。雌鳥全身大致褐色。覓食時頭及上身沒入水中，屁股朝天。

🐦 -

🦆 游禽

📏 55cm

♀♂ 雌雄異色

🏠 W

➤ 常見

1 雄鳥（2007/2・江敏兒・黃理沛）
2 雌鳥（2008/1・黃卓研）
3 雌鳥（2007/12・江敏兒・黃理沛）

白眉鴨

Garganey *(Spatula querquedula)*

🔊 407.mp3

小型鴨，嘴灰黑色，頭頂較扁平，和綠翅鴨相似，但游泳時軀體更貼近水面。雄鳥頭部有明顯白色眉紋，伸延至頸後側，飛行時翼上覆羽藍灰色。雌鳥有深色貫眼紋和淺色眉紋，喉白色。

| 1 | 2 | 3 | | | | | | 9 | 10 | 11 | 12 |

🐦 -

🦆 游禽

📏 37cm

🎨 雌雄異色

🌳 M,W

👁 常見

1 雄鳥（2007/3・呂德恒）
2 雌鳥（2007/1・黃卓研）
3 雌鳥（2007/12・郭匯昌）

琵嘴鴨
Northern Shoveler *(Spatula clypeata)*

◀)) 408.mp3

1

中型鴨，嘴黑色、闊大成匙狀。雄鳥頭部深綠色，眼黃色，胸部至脇部白色，腹部褐色。雌鳥全身大致褐色。

1	2	3								11	12

🏷 名 -

🦆 游禽

📏 50cm

🔵 雌雄異色

🌍 W

👁 常見

2

3

1 雄鳥（2005/1・孔思義、黃亞萍）
2 雌鳥（2006/12・黃卓妍）
3 雄鳥（2006/2・呂德恒）

鳳頭潛鴨

Tufted Duck *(Aythya fuligula)*

◀)) 409.mp3

1

中型鴨。嘴灰色，眼黃色，頭後有一小束飾羽，游泳輕盈迅速，尾貼近水面。雄鳥頭、胸、背、尾幾近黑色，和白色的軀體對比鮮明。雌鳥全身大致深褐色，在秋季嘴基和尾下不時沾有白色。

| 1 | 2 | 3 | | 11 | 12 |

🐦 -

🕊 游禽

📏 43cm

🐥 雌雄異色

🏞 🌊 🌊

🌙 W

🔵 不常見

3

2

[1] 雄鳥（2008/1・彭俊超）
[2] 雌鳥（2006/12・黃卓研）
[3] 雄鳥（2003/12・孔思義・黃亞萍）

57

隼形目
Falconiformes

鶚

Western Osprey *(Pandion haliaetus)*

中型猛禽，全身大致褐、白兩色，頭、頸至下體白色，粗黑貫眼紋由嘴基伸延至枕部，胸有黑色橫帶，翼面近黑色。常停在淺水處的木樁上，覓食時會以在水面上定點振翅，俯衝而下捕取獵物。

🦅 魚鷹

🦅 猛禽

📏 55-58cm

🦅 雌雄同色

🌊 W

🦅 常見

鶚科 PANDIONIDAE

隼形目 Falconiformes

[1] 雄鳥（2007/4・何建業）
[2] 雌鳥（李鶴飛）
[3] 幼鳥（2006/12・黃卓研）

59

🔊 502.mp3

白腹海鵰

White-bellied Sea Eagle *(Haliaeetus leucogaster)*

1

大型猛禽,飛行時黑白分明,容易辨認。嘴黑色,成鳥頭、頸至下體及尾羽白色,初級飛羽黑色,有楔形尾。滑翔時雙翼稍為舉起成V形,間中停棲在樹上,靜立時上體灰白色,叫聲為急促的「ad-ad-ad-ad」聲響。幼鳥全身褐色,和麻鷹相似。在香港繁殖,喜在偏僻海岸的樹上築巢。

| 1 | 2 | 3 | 4 | 5 | 6 | 7 | 8 | 9 | 10 | 11 | 12 |

🐣 -

🦅 猛禽

📏 75-85cm

⚥ 雌雄同色

〰️

R

不常見

3

1 成鳥(2005/6・何志剛)
2 成鳥(2005/4・江敏兒、黃理沛)
3 幼鳥(張浩輝)

鶴形目

Gruiformes

灰胸秧雞
Slaty-breasted Rail *(Gallirallus striatus)*

秧雞科 RALLIDAE

中型秧雞，嘴直而紅褐色，嘴端沾灰色。前額至後頸栗色，上體暗褐色並有白色細橫紋，臉至上腹灰藍色，腹部白色，脇部有褐色橫紋。

| 1 | 2 | 3 | 4 | 5 | 6 | 7 | 8 | 9 | 10 | 11 | 12 |

🏷 藍胸秧雞

🐦 涉禽

📏 27cm

⚥ 雌雄同色

🌊

🔵 R

👁 稀少

1 成鳥（2006/9・深藍）
2 成鳥（2008/2・陶偉意）
3 幼鳥（2007/10・何國海）

鶴形目 Gruiformes

62

紅胸田雞

Ruddy-breasted Crake *(Porzana fusca)*

◀))602.mp3

秧雞科 RALLIDAE

1

中型秧雞。嘴短而黑。上體褐色,臉至胸部紅棕色,喉部淡色,下腹黑白色橫紋相間,腳紅色。

| 1 | 2 | 3 | 4 | | | | | 9 | 10 | 11 | 12 |

🐣 -

🦅 涉禽

📏 23cm

⚥ 雌雄同色

🌿 🏞 ♨

🌐 M

◆ 稀少

2

① 成鳥(2007/10・江敏兒・黃理沛)
② 成鳥(2007/4・黃卓研)

鶴形目 Gruiformes

63

白胸苦惡鳥

White-breasted Waterhen *(Amaurornis phoenicurus)*

秧雞科 RALLIDAE

鶴形目 Gruiformes

香港最常見的秧雞。臉至上腹白色，嘴部青黃色，上嘴基紅色。下腹至尾下覆羽橙褐色，背部深灰褐色。腳淡黃色。雛鳥全身長滿黑色絨毛，嘴和腳黑色，面頰偶有白點。經常發出像普通話「苦惡、苦惡」的叫聲，步行時頭前後擺動，尾巴上下搖動。

| 1 | 2 | 3 | 4 | 5 | 6 | 7 | 8 | 9 | 10 | 11 | 12 |

- 白胸秧雞
- 涉禽
- 33cm
- 雌雄同色

- R
- 常見

1 成鳥（2006/9・深藍）
2 幼鳥（2007/7・林文華）
3 雛鳥（2008/8・陳土飛）

董雞

Watercock *(Gallicrex cinerea)*

體型較大的秧雞，站立時身體挺直，嘴粗大。繁殖期雄鳥身黑色，額板鮮紅色突起，腳紅色。雌鳥及非繁殖鳥，體羽黃褐色有暗褐色斑，腳黃綠色，嘴黃色。

| 1 | 2 | 3 | 4 | 5 | 6 | 7 | 8 | 9 | 10 | 11 | 12 |

名 -

呂 涉禽

尺 43cm

⊙ 雌雄異色

⌂ M

⊙ 稀少

1 成鳥（夏秋天）
2 雄鳥（2006/5・深藍）

65

黑水雞
Common Moorhen *(Gallinula chloropus)*

🔊 605.mp3

大型秧雞，雌雄同色。體羽主要黑色，背部沾褐色。嘴小而紅，額板紅色，嘴端黃色，腳青黃色。翼上有一道明顯白紋，脇部隱約可見白色細橫紋，尾下覆羽兩側白色。

| 1 | 2 | 3 | 4 | 5 | 6 | 7 | 8 | 9 | 10 | 11 | 12 |

🏷 -

🐦 涉禽

📏 30-38cm

⚥ 雌雄同色

🌿

📅 R

👁 常見

1 成鳥（2007/11・Aka Ho）
2 成鳥（2003/4・呂德恒）
3 幼鳥（2004/10・呂德恒）

骨頂雞
Eurasian Coot *(Fulica atra)*

◀)) 606.mp3

秧雞科 RALLIDAE

大型秧雞。體羽黑色,虹膜深紅色,嘴及額版鮮明白色,腳暗綠色。常成群出現,經常游泳,間中潛入水中。近年冬季數量明顯下跌。

 1 2 3 | 11 12

🏷 白骨頂

🐦 涉禽

📏 36-39cm

♂ 雌雄同色

🌊 ⛰ 〵〵〵

🌐 W

👁 常見

1 成鳥(2006/11・黃卓研)
2 成鳥(2008/4・陳佳瑋)
3 成鳥(2006/2・深藍)

鶴形目 Gruiformes

67

鴴形目
Charadriiformes

水雉

Pheasant-tailed Jacana *(Hydrophasianus chirurgus)*

 ◀ 701.mp3

外型獨特的水鳥。腳及趾長，頭至前頸白色，頭頂深色，黑色貫眼紋沿頸側一直伸延至胸帶，後頸金黃色，上體及覆羽褐色，翼底白色，翼尖黑色，腹部白色。繁殖期貫眼紋消失，腹部變成黑色，有特長的黑色尾巴。常在浮水植物上行走。

→	—●			→	—●
4	5	6		9	10	11

🏷 -

🐦 涉禽

📏 30cm

⚥ 雌雄同色

🌲 〰 〰

🌐 M

❖ 稀少

1 成鳥（2008/11・江敏兒・黃理沛）
2 繁殖羽（2008/4・吳璉宥）
3 幼鳥（2006/10・洪國偉）

彩鷸

Greater Painted-snipe *(Rostratula benghalensis)*

🔊 702.mp3

中型涉禽。有別於一般雀鳥，雌鳥的色彩比雄鳥鮮艷。眼圈至眼後明顯白色，腹部白色向上伸延至肩部。嘴粗長而嘴端微向下彎，腳綠色。雄鳥頭、胸、上體和翼上覆羽褐色並有黃色斑紋。雌鳥頭頸深栗紅色，胸部沾黑，背及翼上覆羽深橄欖褐色。

| 1 | 2 | 3 | 4 | 5 | 6 | 7 | 8 | 9 | 10 | 11 | 12 |

🐦 -
🦩 涉禽
📏 24cm
♀ 雌雄異色
🌊
🅡 R,M
稀少

1 雄鳥（2008/5．何國海）
2 雌鳥（2007/3．林文華）
3 雛鳥（2009/5．林文華）

黑翅長腳鷸
Black-winged Stilt *(Himantopus himantopus)*

◀ 703.mp3

① 雄鳥（2006/1・孔思義・黃亞萍）
② 雌鳥（2006/12・墨朗曦・關子凱）
③ 幼鳥（2004/7・孔思義・黃亞萍）

雌雄同色。腳甚長呈粉紅色，嘴黑色，
既長且直。背部及翅膀黑色，頭、頸、
尾及下體白色，頭頂至後頸有時沾灰。幼鳥
頭頂和後頸有時呈淡灰褐色，背及翼上羽毛
有白邊，腳部顏色較暗。

| | 1 | 2 | 3 | 4 | 5 | 6 | 7 | 8 | 9 | 10 | 11 | 12 |

🐦 黑翅長腳鷸
🐦 涉禽
📏 37cm
⚥ 雌雄同色
🌊 🏞 〰〰
❄ W
● 常見

71

反嘴鷸
Pied Avocet *(Recurvirostra avosetta)*

🔊 704.mp3

黑白分明。嘴黑色細長，末端向上彎，腳灰色。頭頂至後頸、翼角和翼尖，以及翼上覆羽皆為黑色，其他部分大致白色。

| 1 | 2 | 3 | 4 | | 6 | 7 | 8 | 9 | 10 | 11 | 12 |

🔲 反嘴鷸
🐦 涉禽
📏 44cm
⚥ 雌雄同色
🌊 〰〰
🌀 W
👁 常見

1 （蘇毅雄）
2 （關朗曦、關子凱）

72

普通燕鴴
Oriental Pratincole *(Glareola maldivarum)*

◀◉ 705.mp3

飛 行時像大型燕子，能在空中捕捉昆蟲。嘴闊而短，靜立時可見翼比尾長，尾端黑色開叉。成鳥上體灰褐色，喉淡黃色及有明顯黑線圍繞。幼鳥全身偏褐，背部、頸側及翼上均有斑點。飛行時腰部明顯白色，翼底紅褐色。

- 涉禽
- 25cm
- 雌雄同色
- M
- 不常見

1 繁殖羽（2007/3・陳志雄）
2 繁殖羽（2008/4・鄧玉蓮）
3 幼鳥（張浩輝）

鳳頭麥雞
Northern Lapwing *(Vanellus vanellus)*

🔊 706.mp3

長長的羽冠非常易認。嘴黑色，腳暗紅色。上體暗綠有光澤，喉及腹部白色，有一條黑色粗胸帶，容易辨認。飛行時翼底白色，飛羽黑色。

| 1 | 2 | 3 | 4 | | 10 | 11 | 12 |

🏷 -

🐦 涉禽

📏 31cm

⚥ 雌雄同色

🌐 W

❗ 稀少

1 成鳥（深藍）
2 幼鳥（2008/11・陳家華）
3 幼鳥（2003/12・孔思義・黃亞萍）

74

灰頭麥雞
Grey-headed Lapwing *(Vanellus cinereus)*

📣 707.mp3

頭 灰色，腹部白色，嘴黃色，嘴端黑色，虹膜紅色，頸及上胸灰褐色，有黑色胸帶。飛行時翼面有明顯黑、白和褐色配搭。繁殖期有明顯的黑色胸帶，頸及上胸灰色，眼圈黃色鮮明。

| 1 | 2 | 3 | 4 | | 9 | 10 | 11 | 12 |

🏷 -
🐦 涉禽
📏 35cm
⚥ 雌雄同色
🏞 🌊 🌲
🌐 W
● 稀少

1 成鳥（2004/12・黃卓研）
2 繁殖羽（2007/12・朱詠兒）
3 幼鳥（2006/11・陳志雄）

太平洋金斑鴴
Pacific Golden Plover *(Pluvialis fulva)*

())) 708.mp3

[1]

繁殖期上體有金黃色、黑色和白色斑點，與黑色下體之間有一條寬闊的白帶。非繁殖期及幼鳥沒有白帶，下體黑色，羽色變淡。嘴比灰斑鴴纖細及較短。

| 1 | 2 | 3 | 4 | | | | 8 | 9 | 10 | 11 | 12 |

名 金斑鴴

涉禽

23cm

雌雄同色

M,W

常見

[2]

[1] 成鳥（2008/4・林文華）
[2] 繁殖羽（2006/4・譚業成）
[3] 幼鳥（2006/10・李佩玲）

灰斑鴴

Grey Plover *(Pluvialis squatarola)*

◀)) 709.mp3

鴴科 CHARADRIIDAE

繁 殖期上體有黑色、灰色和白色斑點，下體黑色，其間有寬闊白帶分隔。非繁殖期及幼鳥沒有白帶，下體亦無黑色，毛色灰褐。飛行時脇羽黑色，尾上覆羽白色。體型比太平洋金斑鴴大，嘴較長。

| 1 | 2 | 3 | | | | | | | | | 12 |

🏷 灰鴴

🐦 涉禽

📏 30cm

⚥ 雌雄同色

🌊 W

👁 常見

1 成鳥（賈知行）
2 成鳥（2007/2・江敏兒・黃理沛）
3 幼鳥（2005/5・江敏兒・黃理沛）

77

鴴形目 Charadriiformes

金眶鴴

Little Ringed Plover *(Charadrius dubius)*

◀)) 710.mp3

嘴 部大致黑色，眼圈鮮明黃色，喉部白色並有完整的白色頸圈。繁殖羽有黑色胸帶，眼後白眉向上延伸至頭頂，嘴基有時沾紅。非繁殖期頭及胸帶的黑色變成褐色。

| 1 | 2 | 3 | 4 | | | | 8 | 9 | 10 | 11 | 12 |

名 -
涉禽
16cm
雌雄同色
W,R
常見

1 成鳥（2008/3・馬漢成）
2 繁殖羽（2005/12・孔思義・黃亞萍）
3 幼鳥（2005/12・孔思義・黃亞萍）

環頸鴴

Kentish Plover *(Charadrius alexandrinus)*

腳深色，嘴黑色。胸帶在胸前斷開，與金眶鴴有別。飛行時有明顯的白色翼帶，尾部兩側白色。繁殖羽後額有黑色斑，頭頂至後枕栗色，胸帶黑色，在胸前及背後斷開。非繁殖期頭和胸帶黑色部分變為棕色，後枕栗色部分變為淡褐色。

| 1 | 2 | 3 | 4 | | 10 | 11 | 12 |

名 -
🐾 涉禽
📏 17cm
♀♂ 雌雄異色
🏞 🌾 ♨
◐ W
↔ 常見

[1] 繁殖羽（2009/3・夏敖天）
[2] 雌鳥（2005/3・王學思）
[3] 幼鳥（陳志光）

)) 712.mp3

蒙古沙鴴
Lesser Sand Plover *(Charadrius mongolus)*

鴴科 CHARADRIIDAE

體型較大的鴴。嘴黑色，短而纖細；腳偏綠，可和鐵嘴沙鴴區別。繁殖期頭頂前端至後枕沾栗色，胸帶栗色伸延至上腹，胸帶上黑色細紋將白色喉部分隔。非繁殖期頭胸的栗色變成與上體相若的灰褐色，有淺色眼眉。

| 3 | 4 | | 10 |

- 涉禽
- 20cm
- 雌雄同色
- M
- 常見

鴴形目 Charadriiformes

1 繁殖羽（2004/5・孔思義・黃亞萍）
2 幼鳥（2008/10・馮漢成）
3 幼鳥（2008/10・余柏維）

80

鐵嘴沙鴴

Greater Sand Plover *(Charadrius leschenaultii)*

🔊 713.mp3

體 型較大的鴴。嘴黑色，較蒙古沙鴴長和粗；腳偏黃色且較長。繁殖羽頭頂前端至後枕沾栗色，胸帶栗色，較蒙古沙鴴纖細。非繁殖羽頭胸上的栗色變成與上體相若的灰褐色，有淺色眼眉。

名 -

涉禽

22cm

雌雄同色

M

常見

1 成鳥（2006/5・夏敖天）
2 繁殖羽（2004/4・呂德恒）
3 幼鳥（2009/5・古愛婉）

鴴科　CHARADRIIDAE

鴴形目　Charadriiformes

81

東方鴴

Oriental Plover *(Charadrius veredus)*

🔊 714.mp3

體型較大的鴴。上體褐色，嘴黑色，佇立時翅膀很長。繁殖時胸部紅棕色，下有黑色細紋，將白色腹部分隔。雄鳥頭部白色，頭頂沾有褐色；雌鳥頭偏棕色。非繁殖期頭褐色，胸部淡黃褐色。

| 3 | 4 | 5 | | 9 | 10 | |

🏷 紅胸鴴

🐦 涉禽

📏 23cm

🔵 雌雄異色

🌐 M

👁 稀少

1 雄鳥（2009/3・郭加祈）
2 雌鳥（2009/3・郭加祈）
3 幼鳥（2008/4・森美與雲妮）

黑尾塍鷸

Black-tailed Godwit *(Limosa limosa)*

🔊 715.mp3

中型涉禽，較斑尾塍鷸小。腳長，嘴直而長，尖端黑色。尾羽白色，末端有寬闊黑色橫帶，飛行時特別清楚。繁殖羽頸及胸橙棕色，背部灰褐色且有黑、棕色斑紋。非繁殖羽全身偏灰。

| 1 | 2 | 3 | 4 | 5 | | | | | 10 | 11 | 12 |

🔖 -

🐦 涉禽

📏 36-44cm

⚥ 雌雄同色

🏞 〓

🌊 M,W

👁 常見

1 成鳥（2008/3・何志剛）
2 繁殖羽（2004/4・孔思義・黃亞萍）
3 （蘇毅雄）

斑尾塍鷸
Bar-tailed Godwit *(Limosa lapponica)*

🔊 716.mp3

中型涉禽，嘴端微向上彎。繁殖期除尾羽及尾下覆羽外，全身深紅棕色，上體羽毛邊緣白色。尾羽白色並有數條橫紋。非繁殖期羽色灰褐。

| 4 | 8 | 9 | 10 |

🐦 名 -

涉禽

37-41cm

雌雄異色

M

不常見

1 成鳥（2006/10・任德政）
2 繁殖羽（2008/3・何志剛）
3 （盧嘉孟）

中杓鷸

Whimbrel *(Numenius phaeopus)*

◀》717.mp3

鷸科 SCOLOPACIDAE

外型與白腰杓鷸相似，但體型較小，向下彎的嘴亦較短。上體深灰褐色有白色斑點，頭頂有深褐色粗側冠紋。飛行時腰部白色。

		4	5			8	9	10		

🥚 -

🐦 涉禽

📏 40-46cm

🎨 雌雄同色

🌊

Ⓜ M

👁 常見

1 成鳥（2008/4・鄧玉蓮）
2 幼鳥（2007/9・古愛婉）

2

鴴形目 Charadriiformes

◀) 718.mp3

白腰杓鷸
Eurasian Curlew *(Numenius arquata)*

鷸科 SCOLOPACIDAE

體型大，嘴長而向下彎。上體淡褐色，有黑褐色縱紋，腹及尾下覆羽白色。飛行時白色的翼下覆羽及腰明顯可見，尾上有深褐色橫紋。

| 1 | 2 | 3 | | | | | | | | 9 | 10 | 11 | 12 |

🦜 -

🐦 涉禽

📏 50-60cm

🔵 雌雄同色

〰️

W

👁 常見

鴴形目 Charadriiformes

1 成鳥（2007/2・黃卓研）
2 （2004/10・孔思義・黃亞萍）
3 幼鳥（2006/5・郭匯昌）

86

紅腰杓鷸

Far Eastern Curlew *(Numenius madagascariensis)*

◀ 719.mp3

近似白腰杓鷸，嘴部比白腰杓鷸長、腰部深黃褐色有斑紋，佇立時呈更濃的褐色；腹部及尾下覆羽黃褐色。飛行時上體和腰部深黃褐色明顯可見，翼下覆羽有濃密橫紋。常單隻混在白腰杓鷸群中。

| | | | | | | | |
|3|4|5| |8|9|10|11|

🐦 大杓鷸

🦆 涉禽

📏 53-66cm

⚥ 雌雄異色

〰️

🅜 M

❗ 稀少

[1] 成鳥（2007/5・黃卓研）
[2] 繁殖羽（前）（2009/3・夏敫天）
[3] 成鳥（2009/4・洪國偉）

87

鶴鷸
Spotted Redshank *(Tringa erythropus)*

◀)) 720.mp3

非 繁殖期和紅腳鷸相似，但嘴部較幼長，嘴端微向下，上嘴全黑，下嘴基紅色。飛行時次級飛羽深褐色，腰白色。繁殖羽全身炭黑色，上背有白色斑點，腳偏黑色。非繁殖期羽色偏灰，腳紅色，腹部白色。

1	2	3	4	5						11	12

🏷 -

🐦 涉禽

📏 32cm

⚥ 雌雄同色

〰️

🌐 W

👁 常見

[1] 成鳥（2007/2・江敏兒・黃理沛）
[2] 繁殖羽（2004/5・孔思義・黃亞萍）
[3] 繁殖羽（2005/5・江敏兒・黃理沛）

紅腳鷸

Common Redshank *(Tringa totanus)*

🔊 721.mp3

鷸科 SCOLOPACIDAE

腳 上有鮮明的紅或橙色。佇立時一般比鶴鷸的褐色更濃,嘴直而上下嘴基紅色。飛行時,次級飛羽和腰部明顯白色。繁殖期白色下體有深色濃密縱紋。非繁殖期上體和胸部褐色均勻。幼鳥上體有淺色斑點,嘴基紅色不明顯。

| 1 | 2 | 3 | 4 | 5 | | | 7 | 8 | 9 | 10 | 11 | 12 |

🏷 赤足鷸

🐦 涉禽

📏 29cm

⚥ 雌雄同色

〰 ♨

🌐 W,M

● 常見

1 繁殖羽(2005/3・夏敷天)
2 成鳥(2008/5・黃卓研)
3 幼鳥(2004/8・呂德恒)

鴴形目 Charadriiformes

89

澤鷸
Marsh Sandpiper *(Tringa stagnatilis)*

◀)) 722.mp3

中型水鳥，嘴細長，腳長呈黃綠色，上體灰色。飛行時腳伸出尾後，腰部白色延伸至背部，翼均勻深灰褐色。繁殖期背部羽毛有黑色和褐色斑。非繁殖期毛色較淡。

1	2	3	4		9	10	11	12

🏳 -

🕊 涉禽

📏 26cm

⚥ 雌雄同色

🌊 ≋≋≋

🅦 W

👁 常見

1 成鳥（2003/11孔思義・黃亞萍）
2 繁殖期（2006/11何國海）
3 幼鳥（2007/9林文華）

青腳鷸

Common Greenshank *(Tringa nebularia)*

♪ 723.mp3

體型較大,嘴粗長而微向上翹,腳黃綠色。飛行時尾部白色,有淡褐色橫紋,腰部白色伸延到背上,翼均勻深灰褐色。非繁殖期上體灰色,腹部純白無斑點。

| 1 | 2 | 3 | 4 | 5 | | | 8 | 9 | 10 | 11 | 12 |

🐦 -

🦩 涉禽

📏 35cm

⚥ 雌雄同色

〰

🌐 W

👁 常見

[1] 成鳥(2003/3・何萬邦)
[2] 繁殖羽(2005/5・江敏兒・黃理沛)
[3] (2004/10・孔思義・黃亞萍)

91

724.mp3

小青腳鷸

Nordmann's Greenshank *(Tringa guttifer)*

1

與青腳鷸相似，但體型較為小巧，黃色腳亦較短，尤其是脛部；嘴較短及直，嘴端微微向上彎，嘴基有時沾淡黃色。繁殖期胸部白色及有深色斑點，背部羽毛上的黑斑較青腳鷸大。非繁殖期頭、頸和上體顏色較淡。飛行時，翼底白色，腳後伸僅及尾端。

1 2 3 4 5 6 7 8 9 10 11 12

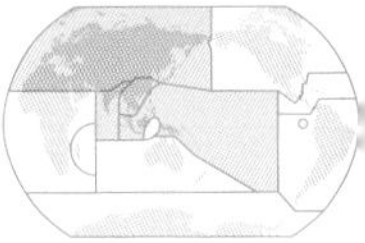

名 -
涉禽
32cm
雌雄同色
SpM
不常見

2

3

1 成鳥（2004/4・盧嘉孟）
2 繁殖羽（2004/4・孔思義、黃亞萍）
3 成鳥（2008/4・郭匯昌）

白腰草鷸

Green Sandpiper *(Tringa ochropus)*

🔊 725.mp3

體 型中等，佇立時似磯鷸。上體深色，和下體對比鮮明，腳綠色。背及翅膀羽毛邊緣有細小淡點。飛行時翼下偏黑，白腰顯眼，與深色的上體對比鮮明。可見於溪流和水道邊緣活動。

1	2	3	4						9	10	11	12

🏷️ 名 -

涉禽

📏 23cm

雌雄同色

🏠 W

不常見

[1] 成鳥（2008/12・馮漢成）
[2] 繁殖羽（2007/8・森美與雲妮）
[3] 幼鳥（2006/11・呂德恒）

93

林鷸
Wood Sandpiper *(Tringa glareola)*

🔊 726.mp3

上體深褐色而有濃密的淡色斑點；眉紋白色明顯，伸延至眼後；腳黃色。飛行時翼下顏色較淡，腰白色，尾白色及有褐色橫紋。

1	2	3	4			8	9	10	11	12

🏷 -

🐦 涉禽

📏 22cm

🔵 雌雄同色

🌐 W,M

👁 常見

1 成鳥（2005/11・黃卓研）
2 幼鳥（2004/10・呂德恒）
3 成鳥（2007/3・林文華）

94

翹嘴鷸

Terek Sandpiper *(Xenus cinereus)*

以腳短、嘴長而向上彎與其他鷸區別。飛行時次級飛羽白色。繁殖期腳部橙色鮮明，肩膀有一道黑斑。非繁殖鳥和幼鳥羽毛顏色偏褐。常小群出現。

名 -

涉禽

23cm

雌雄同色

M

常見

1 成鳥（2006/4・譚業成）
2 成鳥（2004/4・孔思義・黃亞洋）
3 繁殖羽（2006/5・夏敖天）

磯鷸

Common Sandpiper *(Actitis hypoleucos)*

🔊728.mp3

上體褐色，有淡色眼眉，腳黃色。站立時翼前有明顯的彎月形白斑，頭和臀部不斷上下擺動。飛行時貼近水面，有明顯的白色翼帶。

| 1 | 2 | 3 | 4 | 5 | | 8 | 9 | 10 | 11 | 12 |

🏷 -

🦢 涉禽

📏 20cm

👥 雌雄同色

🏞 ⛰

📅 M,W

🔁 常見

1 成鳥（2005/11・黃卓研）
2 成鳥（2008/3・許淑君）
3 繁殖羽（2007/8・馮啟文・蕭敏晶）

灰尾漂鷸

Grey-tailed Tattler *(Tringa brevipes)*

🔊 729.mp3

上體呈均勻的灰色，有淡白眼眉，腳黃色。飛行時，上體灰色均勻，無翼斑。繁殖期喉、胸和脅有纖細橫紋，腹部和尾下覆羽純白，對比鮮明。

| | | | 4 | 5 | 6 | | 8 | 9 | 10 | | |

🐦 灰尾鷸
🦅 涉禽
📏 25cm
♀ 雌雄同色
🏞 ☰
🔵 M
👁 不常見

1 繁殖羽（2006/5・羅錦文）
2 繁殖羽（2004/5・呂德恒）
3 幼鳥（2008/10・夏敦天）

◖))730.mp3

翻石鷸
Ruddy Turnstone *(Arenaria interpres)*

頭和胸部黑白斑駁，嘴短，腳短呈橙色。繁殖期上體變成黑、白和紅棕三色，非繁殖羽和幼鳥上體均偏褐色。

| | 4 | 5 | | | | | | | | 10 | 11 | 12 |

🏷 -

🐦 涉禽

📏 22cm

🌓 雌雄異色

〰

🌍 M

👁 常見

1 雄鳥（2007/4・郭匯昌）
2 雌鳥（2007/4・李啟康）
3 雌鳥（2004/5・孔思義・黃亞萍）

紅頸瓣蹼鷸

Red-necked Phalarope *(Phalaropus lobatus)* ◀)731.mp3

外形纖瘦，嘴黑色而細長。飛行時有白色翼帶，尾部兩側有白斑。繁殖期後頸至胸部紅棕色，與白色的喉部對比鮮明。非繁殖期為灰白二色，眼後有黑斑。喜游泳，軀體浮出水面頗多。

| 3 | 4 | 5 | | 8 | 9 | 10 |

🏷 紅領瓣足鷸
🐦 涉禽
📏 19cm
👥 雌雄異色
🏞 🌊 ⚎ 🌳
🔵 M
👁 常見

1 成鳥（2006/4・譚業成）
2 繁殖羽（2008/5・李佩玲）
3 幼鳥（2007/4・陳志雄）

丘鷸
Eurasian Woodcock *(Scolopax rusticola)*

🔊 732.mp3

體型大，外形矮壯似沙錐，頭部呈三角形。頭頂至後頸有深色粗橫斑，雙翼圓闊。在山溪、矮樹叢和開闊地方出現。主要在夜間覓食，日間則在林區邊緣休息。

| 1 | 2 | 3 | 4 | | | | | | 10 | 11 | 12 |

🐦 名 -

🦅 涉禽

📏 34cm

🎨 雌雄同色

🌿

🌍 W,M

👁 稀少

① 成鳥（2008/3李佩玲）
② 成鳥（2008/3林文華）
③ 成鳥（2008/3李佩玲）

大沙錐
Swinhoe's Snipe *(Gallinago megala)*

大沙錐和針尾沙錐在野外極難分辨。大沙錐背部縱紋顏色淡且細長。靜止時，翼長不及尾的末端。飛行時次級飛羽沒有白色後緣，翼下有濃密橫紋。

| 1 | 2 | 3 | 4 | | | | 8 | 9 | 10 | 11 | 12 |

名 -

涉禽

28cm

雌雄同色

M

常見

1 幼鳥（2008/9・黃卓研）
2 幼鳥（2008/9・黃卓研）
3 幼鳥（2008/9・黃卓研）

扇尾沙錐

Common Snipe *(Gallinago gallinago)*

🔊734.mp3

嘴 比其他沙錐長，一般為頭部的 2.2 倍，背上有鮮明金黃色的粗縱紋。飛行時次級飛羽有明顯白色後緣，翼下偏白。通常躲在水邊挺水植物之間。

| 1 | 2 | 3 | 4 | | | | | | 9 | 10 | 11 | 12 |

🐦 -
🕊 涉禽
📏 27cm
🎨 雌雄同色
🌊
🟦 W
👁 常見

1 成鳥（2007/11・林文華）
2 成鳥（2004/10・呂德恒）
3 幼鳥（深藍）

半蹼鷸
Asian Dowitcher *(Limnodromus semipalmatus)*

◀)) 735.mp3

1

外形像小型的塍鷸，但嘴全黑、粗長而渾圓，末端微微隆起；脅部有很多細橫斑。繁殖期頭至胸部橙褐色，有淡色眼眉。非繁殖期全身大致灰褐色，背部深色羽毛有明顯粗白邊。幼鳥胸部沾有黃褐色。覓食時嘴部一下一下頻密地直插泥中。

名 -

涉禽

33-36cm

雌雄同色

M

常見

2

3

[1] 繁殖羽（2008/4・黃卓研）
[2] 繁殖羽（2008/4・林文華）
[3] 幼鳥（2007/5・江敏兒・黃理沛）

大濱鷸
Great Knot *(Calidris tenuirostris)*

🔊 736.mp3

外型比紅頸濱鷸大和豐滿，黑色嘴部亦較長，近末端處微向下彎。胸部斑點濃密，飛行時腰部白色，沒有明顯翼帶。繁殖期上背有明顯的Ｖ型栗色斑紋，胸部斑點較大及濃密，非繁殖期上體偏灰。

| 4 | 5 | | 9 | 10 | 11 | |

🐦 -
🌿 涉禽
📏 28cm
👁 雌雄同色
🏞 〜〜
🌍 M,W
👁 常見

1 成鳥（2004/4孔思義・黃亞萍）
2 繁殖羽（2004/3盧嘉孟）
3 （黃倫昌）

紅頸濱鷸
Red-necked Stint *(Calidris ruficollis)*

◀》737.mp3

體 型細小，嘴和腳明顯黑色，幼鳥腳部有時沾黃。繁殖期面頰、頸、胸部和上體有十分顯眼的紅棕色。非繁殖期毛色暗淡。

| 4 | 5 |

🐦 紅胸濱鷸

🦅 涉禽

📏 16cm

⚥ 雌雄同色

🌊 🏝 ⁂

📍 M

👁 常見

[1] 成鳥（2006/4・夏敦天）
[2] 繁殖羽（2007/4・黃卓研）

105

青腳濱鷸
Temminck's Stint *(Calidris temminckii)*

(ii) 738.mp3

體型細小，羽色和磯鷸相似但較單調，腳黃綠色，頭、頸、胸和背有均勻的灰褐色，腹部白色。繁殖時背部灰褐色，羽毛邊緣黃褐色。

1 2 3 4 | 10 11 12

名 -

涉禽

15cm

雌雄同色

W,M

不常見

[1] 成鳥（2004/12 • 孔思義 • 黃亞萍）
[2] 繁殖羽（2008/4 • 陳志雄）
[3] 繁殖羽（2008/4 • 陳志雄）

黑腹濱鷸

Dunlin *(Calidris alpina)*

中型水鳥，黑色嘴直長而末端稍向下彎。與彎嘴濱鷸相比，腳較短、嘴較直。繁殖期背部沾紅棕色，腹部明顯黑色。非繁殖期上體為單調的灰褐色，頸部有細縱紋，下體白色。

1　2　3　｜　　　　　11　12

- 名 濱鷸
- 涉禽
- 22cm
- 雌雄同色
- W
- 常見

1　成鳥（2005/10・杜偉倫）
2　成鳥（2005/10・杜偉倫）
3　（2008/12・陳志雄）

🔊 740.mp3

彎嘴濱鷸
Curlew Sandpiper *(Calidris ferruginea)*

1

中型水鳥，嘴黑色，向下彎。與黑腹濱鷸相比，腳較長、嘴較彎。繁殖期頭、頸、胸和腹為磚紅色，背部夾雜紅褐、黑和白色斑點。非繁殖期羽色單調，頭、頸和上胸有細縱紋。

	4	5		7	8	9				

🏷 -

🐦 涉禽

📏 23cm

⚥ 雌雄同色

🌊 ≋

⏱ SpM

👁 常見

3

2

1 成鳥（2006/4・夏敖天）
2 繁殖羽（2008/4・林文華）
3 幼鳥（2005/9・孔思義・黃亞萍）

勺嘴鷸

Spoon-billed Sandpiper *(Calidris pygmeus)* ◀🔊 741.mp3

嘴 端扁平如杓子，前額帶白色，是識別的特徵。常混在紅胸腹鷸群中，覓食經常低頭。繁殖期羽色與紅頸濱鷸相似，非殖繁期和幼鳥主要為灰褐和白色。

| 1 | | 3 | 4 | 5 | | | | | | 10 | 11 | 12 |

🐦 -

🦤 涉禽

📏 16cm

👁 雌雄同色

〰 ♒

🏠 SpM

🔵 稀少

1 成鳥（2009/4・江敏兒、黃理沛）
2 成鳥（2009/4・江敏兒、黃理沛）
3 （2008/4・江敏兒、黃理沛）

流蘇鷸
Ruff *(Calidris pugnax)*

🔊 742.mp3

[1]

頸 粗長，嘴短黑色而微向下彎，背部羽毛邊緣白色，腿部顏色多變。繁殖期雄鳥的頸、上胸和背部有鮮明紅褐和黑色。非繁殖期羽色灰褐為主，背部有大片的鱗狀羽毛，嘴基羽毛淡白色；幼鳥羽色也相似，但胸部微沾淡褐色。

| 1 | 2 | 3 | 4 | 5 | | | 8 | 9 | 10 | 11 | 12 |

🏷 -

🦅 涉禽

📏 20-32cm

⚥ 雌雄異色

🌊 ♒

🗺 M

🔄 稀少

[3]

[2]

[1] 雄鳥（2007/8・何建業）
[2] 雌鳥（2004/4・孔思義・黃亞萍）
[3] 雌鳥（2005/3・呂德恒）

長尾賊鷗
Long-tailed Jaeger *(Stercorarius longicaudus)*

◀)) 743.mp3

小　型的賊鷗。繁殖期頭頂黑色和背部灰色，耳羽附近淡黃色，下體淡色，有極長中央尾羽。非繁殖期上體深灰色，下體淺色。全身深灰褐色的深色型極為罕見。

| 4 | 5 | | 8 | 9 | 10 | 11 |

🗣 -

🐦 游禽

📏 50-58cm

🔵 雌雄同色

🔵 SpM

🔵 稀少

1 繁殖羽（2005/4・江敏兒・黃理沛）
2 繁殖羽（2005/4・江敏兒・黃理沛）
3 繁殖羽（2005/4・黃卓研）

黑尾鷗

Black-tailed Gull *(Larus crassirostris)*

🔊 744.mp3

中型海鷗，在香港出現的多是幼鳥。嘴部較其他海鷗長，翼尖黑色。成鳥背及翼均呈深灰色；嘴部黃色，末端紅色而有黑環；尾部有粗黑橫帶。幼鳥大致褐色，嘴部淡粉紅色而末端深色。

| 1 | 2 | 3 | | | | | | | | | 11 | 12 |

🔲 -

🦆 游禽

📏 47cm

👥 雌雄同色

🏞 ⛰

🏠 W

❗ 不常見

1 繁殖羽（2008/6・陳家強）
2 繁殖羽（2008/6・陳家強）
3 未成年鳥（2003/10・孔思義・黃亞萍）

烏灰銀鷗

Heuglin's Gull *(Larus fuscus)*

🔊 745.mp3

型海鷗，為本港最常見的銀鷗。任何年紀腳部皆為黃色。成鳥背部深灰色，較蒙古銀鷗（舊名黃腳銀鷗）深色。翼尖黑色帶有白點。成鳥嘴部黃色，下嘴末端有紅色斑點。頭部污白色而有較多細小縱紋。未成年鳥軀體沾褐色，嘴部深色。

| 1 | 2 | 3 | 4 | | | | | | | 11 | 12 |

🏷 休氏銀鷗

🦆 游禽

📏 60cm

⚥ 雌雄同色

🏞 ⛰ 〰

🏠 W,M

🔵 常見

1 成鳥（2008/5・黃卓研）
2 成鳥（2007/3・黃卓研）
3 繁殖羽（2007/3・呂德恒）

紅嘴鷗

Black-headed Gull (*Chroicocephalus ridibundus*)

♪ 746.mp3

香港最常見的海鷗,體型細小,上體淡灰色,嘴及腳深紅色。非繁殖羽時頭部白色,耳羽有黑斑。繁殖羽頭部深褐色,有明顯的白眼圈。幼鳥嘴和腳顏色較淡,尾端有一黑色橫斑。

| 1 | 2 | 3 | 4 | | | | | | 10 | 11 | 12 |

🗺 -

🐦 游禽

📏 40cm

⚥ 雌雄同色

🏞 ♒ 🏔

❄ W

👁 常見

[1] 未成年鳥 (2007/2・江敏兒、黃理沛)
[2] 未成年鳥 (2008/1・葉紀江)
[3] 繁殖羽 (2007/3・孔思義、黃亞萍)

黑嘴鷗

Saunders's Gull *(Chroicocephalus saundersi)*

◀) 747.mp3

體型比紅嘴鷗小，嘴黑色而短厚，腳部暗紅色，站立時翼尖黑而有白點。繁殖羽整個頭部黑色，明顯的白眼圈在眼部前段斷開。非繁殖羽頭部白色，耳羽有黑斑。幼鳥身體有褐色斑，頭頂及後枕有深色闊橫紋。

| 1 | 2 | 3 | | | | | | | | | 11 | 12 |

- **名** -
- **游禽**
- **32cm**
- **雌雄同色**
- **🏞 ♨**
- **W,M**
- **常見**

1 未成年鳥（2007/3・林文華）
2 繁殖羽（2007/3・孔思義・黃亞萍）
3 繁殖羽（2007/3・孔思義・黃亞萍）

115

◀») 748.mp3

鬚浮鷗
Whiskered Tern *(Chlidonias hybridus)*

中型燕鷗。繁殖羽頭上半部黑色，面頰白色，胸及腹深灰色，嘴和腳紅色。非繁殖期和與白翅浮鷗非常相似，但耳羽黑斑伸延至後枕。幼鳥身體沾深褐色斑。

| 1 2 3 | 4 5 6 | 7 8 | 9 10 11 | 12 |

🐦 -

🐦 游禽

📏 23-25cm

⚥ 雌雄同色

M

↔ 不常見

[1] 成鳥（2007/9・陳佳瑋）
[2] 成鳥（2007/10・古愛婉）
[3] 繁殖羽（2005/9・夏敖天）

白翅浮鷗
White-winged Tern *(Chlidonias leucopterus)*

◀)) 749.mp3

中型燕鷗，嘴黑色，腰白色，白色尾部有時偏灰。繁殖羽頭至腹部全黑，上體灰色，翼偏白。非繁殖羽與鬚浮鷗非常相似，但耳羽黑斑與頭頂濃密黑點相連。幼鳥身體沾深褐色斑。

 5 → 6   9 → 10

🐦 -

🕊 游禽

📏 20-23cm

⚥ 雌雄同色

🌊

M

🔵 常見

1 成鳥（2005/9・夏敖天）
2 繁殖羽（2006/5・孔思義・黃亞萍）
3 幼鳥（2008/9・江敬兒・黃理沛）

鷗嘴噪鷗

Gull-billed Tern *(Gelochelidon nilotica)*

🔊 750.mp3

大型燕鷗，嘴黑色而粗壯，上體淡灰色，下體白色，尾稍開叉，翼尖偏黑。繁殖羽頭上半部全黑。非繁羽及幼鳥頭部白色，眼後有黑斑。

| | | | 4 | 5 | | | | | | | |

🏷 -

🐦 游禽

📏 35cm

♀♂ 雌雄同色

📍 M

👁 常見

① 繁殖羽（2005/4・黃卓研）
② 繁殖羽（2007/4・夏敦天）
③ 繁殖羽（2008/4・郭匯昌）

紅嘴巨鷗

Caspian Tern *(Hydroprogne caspia)*

🔊 751.mp3

燕鷗科 STERNIDAE

香港體型最大的燕鷗，鮮紅色大嘴十分顯眼。上體淡灰色，下體白色，翼尖偏黑。繁殖羽頭上半部全黑。非繁羽及幼鳥頭部的黑色羽毛沾白。

4	5

🔖 -
🐦 游禽
📏 47-54cm
🎨 雌雄同色
🏞 〰
🔵 M
👁 常見

1 成鳥（2008/3・林文華）
2 繁殖羽（2004/8・呂德恒）
3 繁殖羽（2005/3・江敏兒・黃理沛）

鴴形目 Charadriiformes

🔊 752.mp3

普通燕鷗
Common Tern *(Sterna hirundo)*

中型燕鷗,在香港錄得的多是 longipennis 亞種。嘴和腳黑色,上體淡灰色,下體白色,翼尖偏黑,飛行時可見翼外側邊緣偏灰。繁殖羽頭上半部全黑。非繁殖羽及幼鳥額頭白色,而幼鳥中覆羽有深色橫斑。

🥚 -

🐦 游禽

📏 31-35cm

⚥ 雌雄同色

🗺 M

❖ 常見

| 4 | 5 | | 8 | 9 | 10 |

1 繁殖羽(2006/5・夏敖天)
2 繁殖羽(2008/5・黃卓研)
3 繁殖羽(2006/5・孔思義、黃亞萍)

粉紅燕鷗

Roseate Tern *(Sterna dougallii)*

◀ 753.mp3

燕鷗科 STERNIDAE

中型燕鷗。上體淡灰，下體白色，有時有淡淡的粉紅色，尾長開叉成深V形。繁殖羽嘴鮮明橙紅色，嘴端有時沾黑，頭頂上半部黑色，腳紅色。非繁殖羽頭頂至額白色，腳淡色。幼鳥上體有褐色斑，嘴全黑。

5	6	7	8	9

名 -

游禽

33-38cm

雌雄同色

S

稀少

[1] 繁殖羽（2008/7・江敏兒・黃理沚）
[2] 雄鳥（2007/8・林文華）
[3] 雌鳥（2007/8・森美與雲妮）

鴴形目 Charadriiformes

🔊 754.mp3

黑枕燕鷗
Black-naped Tern *(Sterna sumatrana)*

全身白色的中型燕鷗，明顯的黑色貫眼紋伸延至後枕，尾開叉成V形，嘴和腳黑色。幼鳥上體有褐色斑。

1

| 1 | 2 | 3 | 4 | 5 | 6 | 7 | 8 | 9 | 10 | 11 | 12 |

🔈 -
🐦 游禽
📏 30-35cm
🎨 雌雄同色

🌊
📍 S
👁 常見

2

3

① 繁殖羽（2007/7・張玉良）
② 繁殖羽（2008/5・鄧玉蓮）
③ 幼鳥（2007/8・森美與雲妮）

褐翅燕鷗

Bridled Tern *(Onychoprion anaethetus)*

中型燕鷗。頭上半部黑色而前額白色，上背、腰、尾及翼上褐色，尾羽外側白色。嘴和腳黑色，下體和翼底白色，飛羽後緣深色。幼鳥頭部和上背褐色斑駁，下體有時沾灰色。

1	2	3	4	5	6	7	8	9	10	11	12

🏷 -

🦆 游禽

📏 30-32cm

🔵 雌雄同色

🌊

🟢 S,M

🔴 不常見

1 繁殖羽（2003/8・黃卓研）
2 繁殖羽（2006/7・陳家強）
3 繁殖羽（2008/9・江敏兒、黃理沛）

🔊 756.mp3

大鳳頭燕鷗
Greater Crested Tern *(Thalasseus bergii)*

大型燕鷗，嘴粗大而黃色，有一簇黑色的長冠羽，前額、面頰及尾下白色，背部和翼上灰色。飛行時尾部深叉，翼底大致白色。非繁殖及幼鳥頭頂黑色羽毛沾白。幼鳥上體白色褐色斑駁。

	4	5	6	7		10	

🏷 -

🐦 游禽

📏 46-49cm

⚥ 雌雄同色

🌊

🧭 M

❗ 稀少

1 繁殖羽（2007/4・闖朗鏞・闖子紙）
2 成鳥（2007/7・何建業）
3 幼鳥（2007/7・何建業）

扁嘴海雀

Ancient Murrelet *(Synthliboramphus antiquus)*

🔊757.mp3

海雀科 ALCIDAE

1

身型短小的小海鳥。上體灰色，頭部黑色，下體白色，嘴小而淡粉紅色。常潛入水中，能在水下長距離潛泳。

| 1 | 2 | 3 | 4 | 5 | | | | | | 11 | 12 |

🏷 -

🐦 游禽

📏 26cm

👁 雌雄同色

🌊

🏠 W

● 稀少

2

3

1 繁殖羽（余日東）
2 （2006/5 • Geoff Welch）
3 （2002/4 • 江敏兒 • 黃理沛）

鴴形目 Charadriiformes

125

佛法僧目
Coraciiformes

斑魚狗
Pied Kingfisher *(Ceryle rudis)*

中型魚狗，黑白斑駁。嘴黑色，下體白色，雄鳥有上寬下窄的兩條黑胸帶，而雌鳥和幼鳥只有一條不完整的胸帶。飛行時常發出顫抖叫聲，經常離水面十餘米定點振翅，一發現獵物便直插水中。

1 2 3 4 5 6 7 8 9 10 11 12

🐦 斑點魚郎

🐦 攀禽

📏 25cm

⚥ 雌雄異色

🌊 〰 〰

🔄 R

👁 不常見

1 雄鳥（2006/10・黃卓研）
2 雌鳥（陸一朝）
3 雄鳥（2006/2・何志剛）

佛法僧目 Coraciformes

普通翠鳥
Common Kingfisher *(Alcedo atthis)*

802.mp3

小型藍色翠鳥，鮮艷奪目，頭的上半部和翅膀翠綠色，並帶淺色斑點，耳羽和下體橙褐色，喉部和耳後近枕處白色，飛行時背部明顯鮮藍色。雌鳥及幼鳥顏色較淡，雌鳥下嘴紅色。貼水面飛行時會發出尖銳的「cheee」叫聲。

| 1 | 2 | 3 | 4 | 5 | 6 | 7 | 8 | 9 | 10 | 11 | 12 |

🐟 釣魚郎

🦜 攀禽

📏 16cm

⚥ 雌雄異色

AM,W,R

常見

1 雄鳥（2009/1・深藍）
2 雌鳥（2008/1・黃卓研）
3 雄鳥（2007/4・伍昌齡）

白胸翡翠

White-throated Kingfisher *(Halcyon smyrnensis)*

◀)) 803.mp3

1

中型翡翠。頭深褐色，和藍綠色的上體成強烈對比。紅嘴粗而長，喉至胸部大片白色，翼上覆羽有大片深褐色，腹部至尾下覆羽深褐色，腳紅色。飛行時，翼上有大片白斑。聲音為高音響亮的「傑——傑——」笑聲，有時為哀怨而急促的叫聲，音調由高轉低。

1	2	3	4	5	6	7	8	9	10	11	12

🔖 白胸魚郎

🐦 攀禽

📏 27cm

👁 雌雄同色

🏠

📍 R

👁 常見

2

3

1 成鳥（2006/10・林文華）
2 幼鳥（2007/7・陳建中）
3 幼鳥（2007/7・張玉良）

◀)) 804.mp3

藍翡翠
Black-capped Kingfisher *(Halcyon pileata)*

中型翠鳥。頭上半部黑色而下半部白色，紅嘴粗而長，胸部白色，下體橙色。上體至尾部紫藍色，翼上覆羽黑色。飛行時，翼上有大片白斑。聲音為高音響亮的一連串急促「傑」笑聲。

| 1 | 2 | 3 | 4 | 5 | | | | 9 | 10 | 11 | 12 |

🏷 黑頭翡翠

🐦 攀禽

📏 28cm

⚥ 雌雄同色

🌍 W,M

↔ 常見

1 成鳥（2008/12・郭匯昌）
2 幼鳥（2007/10・鄭兆文）
3 幼鳥（2007/10・劉健忠）

雀形目
Passeriformes

◀901.mp3

東黃鶺鴒

Eastern Yellow Wagtail *(Motacilla tschutschensis)*

1

有很多亞種，但全部都是下體黃色，背部橄欖綠色，嘴和腳黑色。第一年度冬的鳥有明顯白色眉紋，上體淡棕色，下體白色。taivana 亞種（香港最常見）頭頂及背部橄欖綠，眉紋及喉部鮮黃色。simillima 亞種頭頂藍灰色，眉白色，喉沾白，下體黃色較鮮。macronyx 亞種（香港甚少），頭部深灰色，喉黃色，沒有眉紋。

| 1 | 2 | 3 | 4 | 5 | | | | | 9 | 10 | 11 | 12 |

🔊 -

🐦 鳴禽

📏 17cm

⚥ 雌雄同色

🏞️🌲

M,W

常見

2

3

1 成鳥（2009/1・馬志榮・蔡美蓮）
2 繁殖羽（2006/4・孔思義・黃亞萍）
3 未成年鳥（2008/11・江敏兒・黃理沛）

灰鶺鴒

Grey Wagtail *(Motacilla cinerea)*

🔊 902.mp3

與 東黃鶺鴒相似，但頭至背部灰色，腰黃色。有明顯的長尾、白色眼眉和頰下紋。下體黃色，脇部有時沾白。繁殖期雄鳥喉部黑色（在香港不常見），非繁殖期及幼鳥下體較淡黃。

🏷 -

🐦 鳴禽

cm 18-19cm

⚥ 雌雄同色

🏠 W

👁 常見

1 成鳥（2004/12・呂德恒）
2 成鳥（2004/1・孔思義・黃亞萍）
3 繁殖羽（2008/4・林文華）

白鶺鴒
White Wagtail *(Motacilla alba)*

◀) 903.mp3

黑白灰三色，尾長，冬羽顏色較暗。有四個亞種，leucopsis 亞種（最常見）：臉部全白，無貫眼紋。ocularis 亞種有黑喉和黑貫眼紋。personata 亞種（極少見）：頭部全黑，前額和眼週圍白色。lugens 亞種（又稱黑背鶺鴒）繁殖期上體和貫眼紋黑色，飛行時可見飛羽接近全白。

| 1 | 2 | 3 | 4 | | | | 8 | 9 | 10 | 11 | 12 |

🐦 -

🐦 鳴禽

📏 18-19cm

🐦 雌雄異色

🐦

W,M

🐦 常見

[1] 雄鳥（2003/10・江敏兒・黃理沛）
[2] 雌鳥（2008/11・宋亦希）
[3] （2004/12・呂德恒）

雀形目 Passeriformes

中文鳥名索引

英文鳥名索引

學名索引

參考資料

*本書的鳥類分類採用「國際鳥類學會議」(International Ornithological Congress) 的分類方法

尹璉、費嘉倫、林超英 2005 香港及華南鳥類 香港：香港特別行政區新聞處

香港觀鳥會 2010 香港鳥類攝影圖鑑 香港：萬里機構

鄭光美 主編 2002 世界鳥類分類與分布名錄 北京：科學出版社

常用網頁

香港觀鳥會 *www.hkbws.org.hk*

香港天文台網頁 香港潮汐表 *http://www.hko.gov.hk/tide/cstation_select.htm*

香港觀鳥小圖鑑
水邊鳥類篇

著者
香港觀鳥會

編輯
林榮生

封面相片攝影
普通翠鳥 – 黃卓研

美術設計
Nora

出版者
萬里機構出版有限公司
香港鰂魚涌英皇道1065號東達中心1305室
電話：2564 7511 傳真：2565 5539
網址：http://www.wanlibk.com

萬里機構

發行者
香港聯合書刊物流有限公司
香港新界大埔汀麗路36號中華商務印刷大廈3字樓
電話：2150 2100 傳真：2407 3062
電郵：info@suplogistics.com.hk

萬里 Facebook

承印者
中華商務彩色印刷有限公司

出版日期
二零一八年十月第 次印刷
二零一九年三月第二次印刷